BEI GRIN MACHT SICH IHR WISSEN BEZAHLT

AF152795

- Wir veröffentlichen Ihre Hausarbeit,
  Bachelor- und Masterarbeit

- Ihr eigenes eBook und Buch -
  weltweit in allen wichtigen Shops

- Verdienen Sie an jedem Verkauf

**Jetzt bei www.GRIN.com hochladen
und kostenlos publizieren**

Michael Dienst

Geräuschgemische und Optimierung

Mechanical Sound and Optimization

GRIN Verlag

Bibliografische Information der Deutschen Nationalbibliothek:

Die Deutsche Bibliothek verzeichnet diese Publikation in der Deutschen National-
bibliografie; detaillierte bibliografische Daten sind im Internet über http://dnb.d-
nb.de/ abrufbar.

Dieses Werk sowie alle darin enthaltenen einzelnen Beiträge und Abbildungen
sind urheberrechtlich geschützt. Jede Verwertung, die nicht ausdrücklich vom
Urheberrechtsschutz zugelassen ist, bedarf der vorherigen Zustimmung des Verla-
ges. Das gilt insbesondere für Vervielfältigungen, Bearbeitungen, Übersetzungen,
Mikroverfilmungen, Auswertungen durch Datenbanken und für die Einspeicherung
und Verarbeitung in elektronische Systeme. Alle Rechte, auch die des auszugsweisen
Nachdrucks, der fotomechanischen Wiedergabe (einschließlich Mikrokopie) sowie
der Auswertung durch Datenbanken oder ähnliche Einrichtungen, vorbehalten.

Impressum:

Copyright © 2009 GRIN Verlag GmbH
Druck und Bindung: Books on Demand GmbH, Norderstedt Germany
ISBN: 978-3-640-45105-0

Dieses Buch bei GRIN:

http://www.grin.com/de/e-book/135384/geraeuschgemische-und-optimierung

GRIN - Your knowledge has value

Der GRIN Verlag publiziert seit 1998 wissenschaftliche Arbeiten von Studenten, Hochschullehrern und anderen Akademikern als eBook und gedrucktes Buch. Die Verlagswebsite www.grin.com ist die ideale Plattform zur Veröffentlichung von Hausarbeiten, Abschlussarbeiten, wissenschaftlichen Aufsätzen, Dissertationen und Fachbüchern.

Besuchen Sie uns im Internet:

http://www.grin.com/

http://www.facebook.com/grincom

http://www.twitter.com/grin_com

Mechanical Sound and Optimization

(Geräuschgemische und Optimierung)

Beuth Hochschule für Technik Berlin

University of Applied Sciences Berlin, Germany

Bionic Research Unit / FB VIII, Maschinenbau

Dipl.-Ing. Michael Dienst

http:// www.beuth-hochschule.de

Ein Ergebnis einer dynamischen Strukturanalyse (zeitabhängige Verformung und Festigkeit) mit der Finite Element Methode (FEM) sind lokale Bauteil Verschiebungen und Verzerrungen als Zeitsignal, gegebenenfalls die Schwingungseigenform und die Eigenwerte des untersuchten Bauteils. Die Schwingungen eines komplexen Bauteils können periodisch oder aperiodisch (unperiodisch) sein. Die Schwingungen ergeben sich aus dem Zusammenwirken von Elastizität, Masse und Dämpfung in den Systemgrenzen des Bauteils und dem Wechselwirken mit einem umgebenden Mediums (Fluid) über die Systemgrenzen hinaus. Neben der Gestalt des Bauteils liegen FEM- Analysedaten als Bauteilschwingungseigenwerte in Gestalt diskreter Frequenzspektren vor. Grundsätzlich sind diese Daten einer Signal- und Muster verarbeitenden Nachbehandlung zugänglich.

Durch die audiovisuelle Nachbehandlung der Ergebnisse einer FEM- Analyse ergeben sich neue Möglichkeiten der Bauteiloptimierung. Ziel des hochschulinternen Projektes „MechanicalSound" der Bionic Research Unit der Beuth Hochschule für Technik Berlin ist die die Aufbereitung eines interaktiven Bauteiloptimierungsverfahrens mit „subjektiver Bewertung nach dem Vorbild der biologischen Evolution". Hierzu ist die numerische Aufbereitung und akustische Darstellung beliebiger Ergebnisdaten aus der numerischen Baueilschwingungsberechnung erforderlich. Die für die akustische Darstellung relevanten physikalischen Grundlagen werden zusammengetragen, die erforderlichen Algorithmen zur Signalübertragung und Signalverarbeitung erarbeitet, als Computercode dargestellt und die derart entwickelten Programme in der Sprache SCILAB implementiert. Zur akustischen Ausgabe sollen die Audioendgeräte handelsüblicher PC genutzt werden.

Biologische und artifizielle Optimierung

Das biologische Leben auf unserem Planeten entstand in einer unermesslichen Vielfalt an Form, Gestalt und Funktion. Evolution ist, auf einer abstrakten Ebene betrachtet, die Entwicklung der unbelebten und belebten Natur aus ihren innewohnenden Gesetzmäßigkeiten heraus, als Evolutionsschema mit diskretem Repertoire und Vokabular erkennbar. In diesem Sinne darf die biologische Evolution als eine Strategie verstanden werden, die im Laufe von Milliarden Jahren nicht nur die Form, Gestalt und Funktionen rezenter Lebewesen hervorgebracht, sondern auch sich selbst immer weiter optimiert hat.

Die Frage, welche der uns bekannten Mechanismen der biologischen Evolution zur Formulierung von Optimierungsstrategien für Artefakte beschrieben, genutzt und eingesetzt werden können, ist Gegenstand aktueller ingenieurwissenschaftlicher Diskussion. Evolutionsstrategien (ES) und Genetische Algorithmen (GA), die bekanntesten Strategieansätze unter den Evolutionären Algorithmen (EA), arbeiten mit dem essentiellen Vokabular der biologischen Evolution [Rec-94] [Sche-85] [Schw-95]. Evolutionäre Algorithmen wenden das Evolutionsschema auf mathematisch modellierbare Optimierungsaufgaben an. In einem einfachsten Szenario werden zunächst Kopien eines artifiziellen Startsystems erstellt (Mutation). Zufällige Modifizierungen führen auf eine Schar von Varianten des Elter-Systems (Variation). MUTANTEN und ELTER bilden ein gemeinsames

Selektionsensemble. In jeder Generation werden alle Variationen des aktuellen Elter mittels einer Zielfunktion bewertet und die Qualität aller Systeme ermittelt. Aus der Schar bewerteter Systeme wird ein neuer, aktueller Elter für die folgende Generation erwählt (Selektion). Mit der Variation dieses Elter-Systems setzt sich die Kampagne fort. Auf diese Weise steigt die Qualität des Ensembles von Generation zu Generation, bzw. fällt nicht hinter die des aktuellen Elter zurück. Evolutionäre Algorithmen, als lokale Suchverfahren für komplexe, hochdimensionale Qualitätenräume, untersuchen den Phänotyp eines Zielsystems [Kah91]. Der Code Evolutionärer Algorithmen ist allerdings sehr kompakt [Die07].

Implementierung einer Evolutionsstrategie in SCILAB.

```
function e=TR_Evo(Gen,Mu,dim);              // (1,L)-ES m. globaler SW
clear all;                                   // reset
d=1e-6; alfa = 1.3;        db =d;  de =d;  dm =d;   // Schrittweite
qsto=zeros(1,Gen); q=1e30;  qb =q;  qe =q;  qm =q;   // Qualität
v= MUSTER(dim,10,5);        vb= v;  ve= v;  vm =v;   // StartMuster
  for g=1:Gen                                // Gen..begins
    for m=1:Mu                               // Mu..begins
      z0=rand(dim,1,'normal' );              // nvert.ZZ ;
      if rand()<.5, dm=de/alfa; else dm=de*alfa; end;   // Schrittweitensteuerung
      vm=ve+( dm* z0' );                     // Mutation
      qm = Line(vm);                         // Qualität (hier LINE)
      if qm<qb,qb=qm;vb=vm;db=dm; end;       // Elektion
    end;                                     // Mu..ends
    qe=qb; ve=vb; de=db;  qsto(g)=qe;        // Erben
  end;                                       // Gen..ends
  e=qb;                                      // eval Fu
endfunction;
```

Im Falle subjektiver Bewertung werden in jeder Generation in einem interaktiven Dialog mit dem „Bewerter" die Variationen des aktuellen Elter aus dem

Selektionsensemble selektiert, die einer im Vorfeld der Optimierungskampagne vereinbarten „subjektiven Zielvorstellung" am ehesten approximieren. Das kann in dem hier beschriebenen Fall ein realer Klang eines Bauteils sein, oder ein artifizielles (Ziel-) Geräusch. Die Darstellung artifizieller Zielgeräusche aus Finite-Elemente- Simulationen ist Gegenstand dieses Aufsatzes.

Physical modelling

Auf einer abstrakten Ebene ist ein komplexes schwingendes Bauteil das „Erzeugendensystem" eines Schallsignals, hinsichtlich seiner Akustik einem Musikinstrument ähnlich und in gleicher Weise zu untersuchen. Auf dem Gebiet der Computermusik und dem SoundDesign sind in den vergangenen Jahren zahlreiche Computerprogramme in Anwendung, die inzwischen etablierte Verfahren des „Physical Modelling" einsetzen. Zur Darstellung realer Musikinstrumente in physikalischen Modellen sind folgende Verfahren Stand der Technik: Masse-Feder-Modelle, Modale Synthese und Waveguides. Darüber hinaus gibt es gemischte Modelle, die Elemente aus verschiedenen Modellierungsverfahren verwenden und physikalisch orientierte Klangmodellierung (Physically informed sonic modeling), die komplexe Bewegungen einzelner voneinander abhängiger Massen nicht einzeln, sondern durch deren statistisches Verhalten modelliert.

Masse-Feder-Modelle sind aufwendig in der Berechnung, jedoch leicht zu entwerfen, da sie sich unmittelbar am physikalischen Aufbau orientieren.
Modale Synthese abstrahiert die im Material möglichen Schwingungsmodi und betrachtet nicht mehr die physikalische Beschaffenheit der Vorlage. Die Lösung der notwendigen Differentialgleichungen ist nur für einfache Körper möglich, komplexe Körper können mit gewissen Beschränkungen mittels Modalanalyse

ausgemessen und analysiert werden. Da sich hiermit nur Körper realisieren lassen, die einmal durch einen Stoß angeregt ohne gegenseitigen Einfluss der Schwingungsmodi ausschwingen, wird das Modell durch Elemente ergänzt, die Interaktionen zwischen Körpern und durch externe Beeinflussung ermöglichen. Waveguides modellieren die Fortpflanzung von Wellen in einem Medium. Im Falle eines idealen homogenen Mediums werden die Wellen lediglich mit einem Zeitversatz, in ihrer Form jedoch unverändert, übertragen. Verluste durch Dämpfung und Abstrahlung werden durch Filter modelliert. Diese Art der Modellierung ist wegen ihres geringen Rechenaufwandes, insbesondere bei eindimensionalen Medien (Rohr, Saite), sehr populär. Bei mehrdimensionalen Modellen nimmt der Aufwand jedoch stark zu.

Die Intension des Physical modelling ist die Bereitstellung und der Betrieb eines physikalischen Geschehens, einer artifiziellen Maschine zur Klangerzeugung, wo hingegen das Projekt „MechanicalSound" auf die numerische Aufbereitung von Ergebnisdaten aus der numerischen Baueilschwingungsberechnung zielt.

Schallsignale und Signaldarstellung

Klären wir an dieser Stelle einige Grundlagen und Begriffe die in diesem Aufsatz im Zusammenhang mit akustischen Phänomenen, ihrer Wahrnehmung und mathematischen Behandlung von Bedeutung sind.

Ein [Pa] ist der Druck, den die Kraft von 1 Newton auf die Fläche von 1 Quadratmeter ausübt. Das bar ist eine veraltete, aber immer noch gebräuchliche Einheit für Druck und entspricht

$$1[bar] = 100000 \text{ [Pa]}.$$

Das heute gebräuchliche 'Hektopascal' (hPa) entspricht dem veralteten 'Millibar' (mbar).

Schallsignale.

Luft kann durch eine mechanische Störung in Schwingung versetzt werden. Mechanische Longitudinalwellen pflanzen sich mit Schallgeschwindigkeit, durch das Medium Luft fort. Hier schwingen die Luftmoleküle in derselben Richtung in der sich die

Welle sich ausbreitet (im Gegensatz dazu schwingen Transversalwellen im rechten Winkel zur Ausbreitungsrichtung). Durch die Fortpflanzung der Schallwelle durch das Medium entsteht lokal eine (kleine) Schwankung des Luftdrucks, der Schalldruck. Er ist im Vergleich zum Luftdruck (etwa 100000 [Pa]) sehr klein. Der gerade noch hörbare Schall entspricht einem Druck von einem Zehntausendstel eines Millionstels des normalen

Die Psychoakustik untersucht die Zusammenhänge zwischen physikalischen Schallreizen (z.B. Schallintensität, Frequenz, Spektrum) und den durch sie hervorgerufenen Hörempfindungen (z.B. Lautheit, Tonhöhe, Klangfarbe). Im menschlichen Gehör können mechanischen Schwingungen die sich in einem elastischen Medium (z.B. Luft) wellenförmig ausbreiten in einem Frequenzbereich zwischen 16 Hz (untere Hörgrenze) und 20.000 Hz (obere Hörgrenze) Schallempfindungen hervorrufen. Schwingungen können periodisch, aber auch unperiodisch sein. Bei periodischen Schwingungen wiederholt sich eine bestimmte Kurvenform nach Ablauf einer Periode immer wieder (z.B. bei allen Instrumentaltönen mit eindeutiger Tonhöhe, etwa Geigenton, Klarinettenton).

Die einfachste periodische Schwingung ist die Sinusschwingung. Sie enthält nur eine einzige Frequenz, die Grundfrequenz. Alle anderen periodischen Schwingungen enthalten auch ganzzahlige Vielfache der Grundfrequenz.
Die Schwingungsdauer ist die Zeit, in der ein Schwinger eine volle Schwingung ausgeführt wird. Die Frequenz f ist die Anzahl der Schwingungen pro Sekunde.

$T = 1/f$ mit T = Schwingungsdauer in [s] und f = Frequenz in [Hz].

Wenn ein fester, flüssiger oder gasförmiger Körper mit einer Frequenz von 16 bis 20.000 Hz schwingt, so wird diese Schwingung als Ton hörbar. Nur periodische Schwingungen ergeben Töne. Betrachten wir einige Musikinstrumente, deren musikalischen Bereich und die zugehörigen Frequenzbereiche. Einer Verdopplung der Frequenz folgt eine Erhöhung um eine Oktave. Ebenso verhält es sich mit anderen Intervallen; so bewirkt z.b. Multiplikation der Frequenz mit dem Faktor 1,5 (= 3/2) eine Erhöhung des Tones um eine reine Quinte. Allgemein gilt: Gleiche Frequenzverhältnisse entsprechen gleichen musikalischen Intervallen.

Tabelle 1.
Musikinstrumente, musikalische Bereiche und Frequenzbereiche

Instrument	musikalischer Bereich		Frequenz	
Orgel	C 2 -	c 6	16,4 - 8372	Hz
Klavier	A 2 -	c 5	27,5 - 4186	Hz
Kontrabass	E 1 -	c 1	41,2 - 262	Hz
Bassstimme	E -	e 1	82,4 - 330	Hz
Klarinette	d -	b 3	147 - 1865	Hz
Violine	g -	c 4	196 - 2093	Hz
Flöte	c 1 -	c 4	262 - 2093	Hz

Einige Begriffe zur Akustik.

Die **Elongation** ist der jeweilige (augenblickliche) Abstand von der Mittellage.

Die **Amplitude** ist die größte Elongation. Die Amplitude ist ein Maß für die Lautstärke, jedoch nur bei gleicher Frequenz ! Zwei Schwingungen mit der gleichen Amplitude, aber verschiedener Frequenz sind im Allgemeinen nicht gleich laut, weil höhere Frequenzen energiereicher sind und weil das Gehör im mittleren Frequenzbereich (1000 - 5000 Hz) viel empfindlicher als im hohen und besonders im tiefen Bereich ist.

Klangfarbe. Periodische Schwingungen mit verschiedener Klangfarbe weisen verschiedene Schwingungsformen auf. Alle Schwingungsformen von periodischen Schwingungen setzen sich aus Sinusschwingungen mit ganzzahligen Vielfache der Grundfrequenz (z.B. 100, 200, 300,400 Hz) zusammen. Dieses Spektrum (= Anzahl und Stärke dieser Sinusschwingungen) verdeutlicht die Zusammenhänge mit der Klangfarbe. Bei unperiodischen Schwingungen ist keine sich wiederholende Kurvenform mehr festzustellen. Sie entstehen, wenn sich Sinusschwingungen mit nicht ganzzahligen Frequenzverhältnissen überlagern.

Töne. nur die reine Sinusschwingung wird als Ton bezeichnet

Klänge. Ein einstimmiger Instrumentalton wird als Klang bezeichnet. Er enthält außer dem Grundton noch Obertöne (mit ganzzahligen Frequenzverhältnissen zum Grundton).

Tongemische treten auf bei Glocken oder beim Gong. Je dichter die unharmonischen, nicht ganzzahligen Teiltöne beim Tongemisch liegen, desto mehr ähnelt das Tongemisch einem Geräusch.

Geräusche treten auf bei Becken, Trommeln, aber auch als Begleitgeräusch z.B. bei Saiteninstrumenten.

Lärm ist kein exakter physikalischer Begriff, sondern eine sehr subjektive Empfindung. Ein sehr kurzer Schwingungsverlauf wird als Knall, Knack oder Impuls bezeichnet. Je kürzer dieser Knack ist, umso weniger genau kann man seine Tonhöhe feststellen.

Teiltöne. Jede periodische Schwingung kann aus einer Summe von Sinusschwingungen zusammengesetzt werden, deren Frequenz ganzzahlige Vielfache der erkennbaren Periode sind. Jeder Klang kann aus einzelnen

Sinusstönen, den Teiltönen (mit dem Frequenzverhältnis 1:2:3:4 usw.) zusammengesetzt werden. Die Teiltonreihe zählt alle auf einem bestimmten Grundton möglichen Teiltöne auf. Die Teiltonnummer gibt an, wieviel mal so groß die Frequenz dieses Teiltones gegenüber dem Grundton (= 1. Teilton) ist. Auf Saiteninstrumenten erhält man die Teiltonreihe, indem man Flageolettöne durch Berühren der Saite in der 1/2, 1/3, 1/4, 1/5 Länge anspielt. Auf Blechblasinstrumenten sprechen die Teiltöne als Naturtöne beim Überblasen an. Aus der Teiltonreihe ergeben sich die Frequenzverhältnisse für die Intervalle lt. Tabelle2. Alle diese Intervalle klingen rein und schwebungsfrei, unterscheiden sich jedoch außer der Oktave leicht von jenen unserer heutigen (= gleichmäßig temperierten) Stimmung.

Das **Klangspektrum** entsteht nach der Zerlegung eines Klanges gefundene Anzahl und Stärke der Teiltöne. Musikinstrumente unterscheiden sich nach dem Klangspektrum, jedoch auch am selben Instrument gibt es Veränderungen der Klangfarbe je nach Klanghöhe, Klangstärke und Einschwingvorgang. Das Klangspektrum ist bei weitem keine fixe Größe für ein Instrument. Seine Zusammensetzung hängt von der Lautstärke und von der Höhe des gespielten Klanges ab. Das Spektrum kann sich innerhalb kleiner Intervalle ändern. Auch das Auftreten von Resonanzen und Formanten bewirkt eine Abhängigkeit des Spektrums von der Klanghöhe.

Formanten (Formantbereiche) sind Frequenzbereiche, in denen die Teiltöne unabhängig von der Tonhöhe besonders stark hervortreten.
Ein Intervall ist der Tonhöhenabstand zweier Töne. Ein bestimmtes Intervall in der Musik (z.B. eine Quinte) bedeutet in der Physik immer ein bestimmtes Frequenzverhältnis, und wird vorzugsweise in Bruchform oder in Prozenten ausgedrückt (z.B. 3:2 = 300:200 Hz).

Die **harmonische Tonskala** (auch natürliche, reine oder mathematische Tonreihe) beruht auf den einfachstmöglichen Zahlenverhältnissen der

Tonfrequenzen untereinander, wie sie in der Teiltonreihe vorkommen. Dadurch ergeben sich rein klingende, schwebungsfreie Intervalle.

Ein **Oberton** (eine Harmonische) ist eine Sinusschwingung beliebiger Amplitude und Phase mit einer Frequenz, die ein Vielfaches der Grundfrequenz.

Superponierbarkeit. Wenn in einem Schallfeld mehrere von verschiedenen Schallquellen herrührende Wellenzüge zusammentreffen, so überlagern sich an jeder Schallfeldstelle die von den einzelnen Schallquellen ausgehenden Schwingungen. Je nach Frequenzunterschied zwischen diesen Schwingungen sind verschiedene Erscheinungen zu beobachten: Haben die zusammentreffenden Schwingungen: die gleiche Frequenz, so entsteht Interferenz, bei leicht unterschiedlicher Frequenz, ergeben sich Schwebungen und bei größeren Frequenzunterschieden entstehen Kombinationstöne.

Interferenz. der Interferenzfall der Gegenphasigkeit mit gleichen Amplituden tritt bei mechanischen (Beiteil-) Schwingungen sehr häufig auf: Die von den beiden Flächen eines Stabes, einer Platte oder einer Membran abgestrahlten Schwingungen sind genau gegenphasig: wölbt sich eine Fläche nach oben, so gibt es oben Luftverdichtung und unten Luftverdünnung. Treffen sich die Schwingungen am Rande der Fläche, so findet ein Druckausgleich statt, sie löschen sich aus (akustischen Kurzschluss). Das betrifft tiefe Frequenzen, bei denen die Wellenlänge groß gegenüber der abstrahlenden Fläche ist.

Schwebung. Haben zwei periodische Schwingungen nur einen geringen Frequenzunterschied (0,1 .. 16 Hz), so nimmt das Ohr die Frequenzen nicht getrennt wahr, sondern es ergibt sich ein Tonhöheneindruck, der zwischen den beiden Frequenzen liegt und ein An- und Abschwellen der Lautstärke: die Schwebung.

Signaldarstellung

Für den allgemeinen Fall kann ein Signal als mathematische Funktion x beschrieben werden, die von der Zeit t abhängig ist:

$$x = g(t)$$

Bei einer periodischen Schwingung wiederholt sich das (Schall-) Signal exakt nach einer bestimmten Zeitdauer T. Die Inverse von T ist die Grundfrequenz der Schwingung

$$f = 1 / T .$$

Unter der Annahme, dass diese Funktion eine periodische Sinusschwingung mit der Amplitude A und der Frequenz f ist, wird x zu:

$$x(t) = A \cos (2 \pi f t)$$

wobei die Amplitude A und die Frequenz f als konstant und von der Zeit unabhängig angenommen werden. Generell gesehen trifft dies für die in der Natur vorkommenden Signale nicht zu. Diese weisen eine Modulation der Amplitude und/oder der Frequenz auf und werden deshalb auch als nichtstationär bezeichnet:

$$x(t) = A(t) \cos(2 \pi f(t) t)$$

Außerdem bestehen natürliche Signale nicht nur aus einem Sinus, sondern aus der Superposition mehrerer periodischer Teilschwingungen. Aus der Superponierbarkeit der Signale ergibt sich eine Unterteilung in Ein- und Mehrkomponentensignale, welche folgendermaßen beschrieben werden:

$x(t) = A_1(t) \cos(2 \pi f_1(t) \, t \,) + A_2(t) \cos(2 \pi f_2(t) \, t \,) + \ldots + A_n(t) \cos(2 \pi f_n(t) \, t \,)$

bzw.

$x(t) = \Sigma \, (\, A(t) \cos \, (\, 2 \pi f(t) \, t \,) \,)$

Wurden bisher ausschließlich periodische, deterministische Betrachtet, so ist jedem natürlichen Signal zusätzlich noch ein stochastischer Anteil (z.B. Rauschen) überlagert. Ein beliebiges physikalisches Signal lässt sich darstellen mit:

$x(t) = \Sigma \, (\, A(t) \cos \, (\, 2 \pi f(t) \, t \,) \,) + r(t)$

Eine Darstellung der Funktion in Abhängigkeit von der Frequenz leistet die Fourier Transformation; sie ist die Frequenzrepräsentation des Signals.

$X(f) = F \, \{x(t)\}$

Allerdings wird nun keine Aussage über die zeitliche Entwicklung des Signals getroffen, da die Fourier Transformation lediglich eine Aufspaltung des Signals in die einzelnen Frequenzkomponenten gibt, jedoch keine Auskunft über deren Dauer bzw. zeitliche Lokalisation liefert. Da bei beiden grafischen Interpretationen die gesuchte Funktion jeweils nur von einer Variable (entweder $x(t)$ oder $X(f)$) abhängt, spricht man von eindimensionalen Repräsentationen. Aus der Kombination beider Varianten erhält man die gesamte Signalinformation.

Die Voraussetzung dafür ist, dass eine Schwingung als aus vielen einzelnen, additiv überlagerten Sinusschwingungen verschiedener Frequenz, Amplitude und Phase betrachten können (Superponierbarkeit). Für die Analse und Synthese von Signalen ist das deshalb vorteilhaft, weil ein beliebiges periodisches Signal in eine Überlagerung von mehreren (bis unendlich vielen) Sinusschwingungen zerlegt werden kann und jede beliebige, periodische Schwingung aus einer geeigneten Überlagerung (..mittels Superposition / Mischen) erzeugt werden kann. Eine derartige Superposition bei der komplexe Schwingungen durch additive Überlagerung von einfachen Schwingungen dargestellt werden dürfen, stellt ein lineares System dar. Das synthetisierte Spektrum (eindimensionalen Repräsentationen) ist in unserem Zusammenhang das „Erzeugendensystem des komplexen Klanggemischs".

Jede periodische Schwingung kann in eine (meist unendliche) Reihe von Sinusschwingungen zerlegt werden, wobei diese entweder ein Signal der Grundfrequenz oder eine Sinusschwingung beliebiger Amplitude und Phase mit einer Frequenz, die ein Vielfaches der Grundfrequenz ist (Harmonische). Die Darstellung eines periodischen Signals durch die Anteile der darin verborgenen Sinusschwingungen ist das harmonisches Spektrum (Fourierreihe).

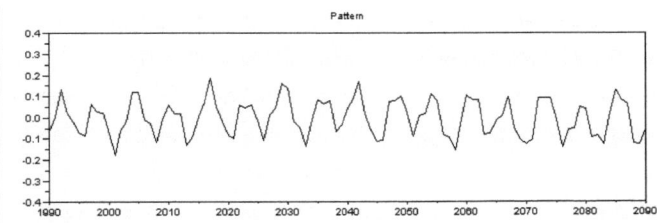

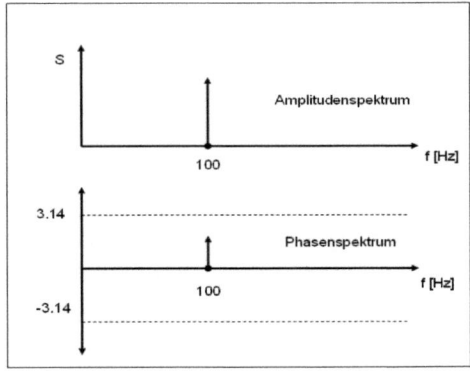

Modellierte Geräusch-Gemische

Eine periodische Schwingung ist zunächst (immer) ein stationäres Signal. In der Natur kommen solche Signale aber gar nicht vor. Eine brauchbare Modellierung realer Klanggemische geht von einem quasistationären Signal aus, das einen definierten Ausschnitt aus einem Signal beschreibt, innerhalb dessen das Signal (mit ganz kleinem Fehler) periodisch ist.

Das Modell wählt einen Ausschnitt gerade so, dass der ausgeschnittene Bereich genau eine Periode der Grundfrequenz abdeckt. Nun kann man eine Fourier-Reihenanalyse durchführen. Die Idee dieses Ansatzes ist, dass man das Signal außerhalb des Ausschnitts bis ins Unendliche rapportiert .

Da dies mit jedem beliebigen anderen Ausschnitt gemacht werden kann, vorausgesetzt, die Schnittstellen passen aufeinander, ist ein harmonisches Linienspektrum dieses Ausschnitts das Arbeitsergebnis der Modellierung.

Unsere Modellvorstellung soll auch auf Signale anwendbar sein, die keine fortwährende Periodizität haben (aperiodische Signale). Sie repräsentieren den allgemeinen Fall, da jedes reale Signal einen Anfang und eine Ende hat. Ein aperiodisches Signal kann ebenfalls ein Linienspektrum haben; die Linien liegen dann aber nicht auf ganzzahligen Vielfachen einer Grundfrequenz.

Die Idee eines Synthesizers ist die Herstellung, quasi die Montage, eines Sounds aus diskreten Frequenzen. Unsere Bauteil-Schwingungs-Eigenschaften liegen als Frequenzspektrum vor. Wir können sie mit den ebenfalls bekannten Intensitäten gewichten und ein artifizielles Tönegemisch entsteht. Es ist über die Soundkarte des PCs darstellbar. Diese steuern wir mit einem kleinen Algorithmus an.

Die C-basierte Sprache SCILAB besitzt eine gewisse Anzahl fest installierter Routinen zur Signalverarbeitung und Audio-Ausgabe und gestattet somit die rasche und einfache Implementierung eines rudimentären, einkanaligen Soundgenerators. Neben der (fast-) Fourier- Rücktransformation aus dem Spektralbereich in ein vektorielles Muster bedarf es nur einer audiovisuellen Interpretation dieses Vektors und der graphischen und akustischen Ausgabe.

Anhang

```
function m=SoundPattern(dim);              // -->SoundPattern(5000); // Dim. des Soundvektors
sample_f = dim;                            // Sample_Frequenz
v = zeros(1,dim); vspec = v;  vpattern = v;  // Settings
x = 1:dim;                                 // Diskretisierung(plot)
ton_f= 440; // Hz                          // partielle Frequenz
intens = 200.0;                            // partielle Amplitude = diskrete Gewichtung
vspec(ton_f) = intens;                     // partielle Frequenz setzen
vspec(60)   = 0.5 * intens;                // dto.
vspec(800)  = 1 *  intens;                 // dto.
vspec(2000) = 1 *  intens;                 // dto.
vspec(4200) = 2 *  intens;                 // dto.
vpattern = real(ifft(vspec));              // Rücktransformation = inverse FFT / Realanteile
sound(vpattern,sample_f);                  // Audio - Ausgabe
subplot(2,1,1); plot(x,vspec);
xtitle('Spektrum (FFT) ');                 // zeigen: Frequenz-Spektrum: Sound
subplot(2,1,2); plot2d(x,vpattern);
xtitle(' Pattern ');                       // zeigen: Zeit-Plot: SoundPattern-Vektor
m = vspec;                                 // Ausgabe: Frequenz-Spektrum: Sound
endfunction;


function m=Spec2sound(dim); //
 clear;
    path = 'C:\FFT_000.txt';
    f=file('open',path,'unknown');
    vspecIN=fscanfMat(path);
    file('close',f);    // close
    dimspec = size(vspecIN); dim = dimspec(1);
    sample_f = dim;                                      // Sample_Frequenz
    x = 1:dim;                                           // Diskretisierung(plot)
    for i=1:dim vx(i) = vspecIN(i,1); end;
    for i=1:dim vy(i) = vspecIN(i,2); end;  disp(vy);
    vpattern = real(ifft(vy))                            // Rücktransformation
    sound(vpattern,sample_f);                            // Audio - Ausgabe
    subplot(2,1,1); plot(x,vy); xtitle('Spektrum (FFT) ');   // zeigen: Frequenz-Spektrum: Sound
    subplot(2,1,2); plot2d(x,vpattern); xtitle(' Pattern ');  // zeigen: Zeit-Plot: SoundPattern-Vektor
    m = vspec;                                           // Ausgabe: Frequenz-Spektrum: Sound
    endfunction;
```

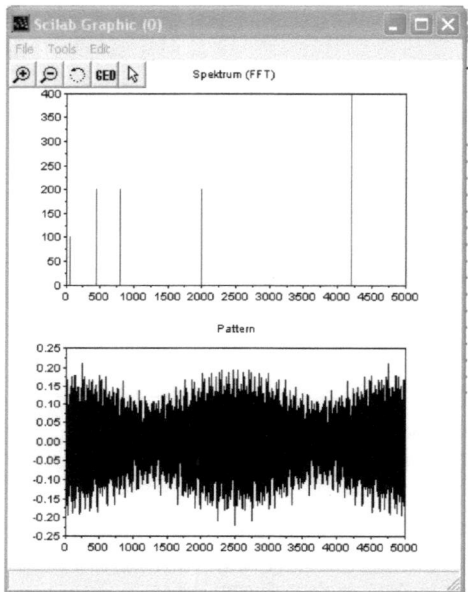

Bibliographie

[Curb01]   Manfred Curbach, Harald Michler, Holger Flederer, Dirk Proske
            Anwendung von Quasi-Zufallszahlen bei der Simulation unter
            ANSYS
            19th CAD-FEM Users' Meeting 2001 October 17-19, 2001
            International Congress on FEM Technology. Berlin, Potsdam.

[Die05]   Dienst, M., (2005) Genesetransformation. Ein Algorithmus zur
            Synthese von Signalen nach dem Vorbild der biologischen
            Musterbildung. In: Forschungsberichte 2005 der TFH Berlin, S.
            190–193. Publikationen der Technischen Fachhochschule Berlin.

[Die06]   Dienst, M., (2006) Eine Optimierungsumgebung für
            Genesetransformationen. In: Forschungsberichte 2006 der TFH
            Berlin, S. 115-117. Publikationen der Technischen Fachhochschule
            Berlin.

[Die07]   Dienst, M., (2007) Genesetransformation. Adaption der
            Transformationscharakteristiken. In: Forschungsberichte 2007 der
            TFH Berlin, S. 166-171. Publikationen der Technischen
            Fachhochschule Berlin.

[Die08]   Dienst, M., (2008) Bionic Research Unit Berlin. Bionikforschung an
            der Technischen Fachhochschule Berlin, In: 4. Bremer Bionik

Kongress – Tagungsbeiträge, Hrsg.: Antonia B. Kesel, Doris Zehren. ISBN 978-3-00-027193-9

[Eig71]   Eigen, M., (1971) Selbstorganisation und Evolution. In: Naturwissen-schaften Bd. 58(10), S. 465 - 523, 1971.

[Her00]   Herdy, Michael, (2000) Beiträge zur Theorie und Anwendung der Evolutionsstrategie. Mensch und Buch Verlag, Berlin.

[Her05]   Herdy, Michael, (2005) Anwendung der Evolutionsstrategie in der Industrie. In Evolution zwischen Chaos und Ordnung. S. 123 – 138. Freie Akademie Verlag, Bernau.

[Kah91]   Kahlert, J. (1991) Vektorielle Optimierung mit Evolutionsstrategien und Anwendungen in der Regelungstechnik. VDI Verlag, Reihe 8 Nr. 234.

[Kos03]   Kost, Bernd, (2003) Optimierung mit Evolutionsstrategien. Harri Deutsch Verlag, Frankfurt a. M.

[Mef04]   Meffert, B., Hochmut, O. (2004) Werkzeuge der Signalverarbeitung. Pearson-Studium, München.

[Nüss07]   Nüsslein.Vollrall, (2007) Warum Tiere so verschieden aussehen. In: Vom Urknall zum Bewusstsein, Verhandlungen der GDNÄ, 124. Tagung. Bremen 2006 Georg Thieme Verlag, Stuttgart.

[Rec94]   Rechenberg, Ingo, (1994) Evolutionsstrategie. Frommann Holzboog Verlag Stuttgart- Bad Cannstatt.

[Sche85]   Scheel, Armin (1985) Beitrag zur Theorie der Evolutionsstrategie. Dissertation, TU Berlin.

[Schw95]   Schwefel, H. – P. (1995) Evolution and Optimum Seeking. John Wiley & Sons. New York.

Die **BIONIC RESEARCH UNIT** ist eine forschungsbezogene Fachgruppe für Lehrende und Studierende an der Beuth Hochschule für Technik Berlin und Partner für industrielle Dienstleistungen auf dem Wissensgebiet der Bionik.

Kontakt:

Dipl.-Ing. Michael Dienst
Beuth Hochschule für Technik Berlin,
BIONIC RESEARCH UNIT / FB VIII, Maschinenbau
Luxemburger Str. 10,
D - 13353 Berlin-Wedding

http://projekt.beuth-hochschule.de/bru